AF329254

DE L'INFLUENCE

DE

L'AÉRATION ET DE LA VENTILATION

SUR

LES ANIMAUX SAINS ET MALADES.

Par M. RENAULT.

PARIS

TYPOGRAPHIE DE RENOU ET MAULDE,

RUE DE RIVOLI, N° 144.

1860

DE

L'INFLUENCE DE L'AÉRATION ET DE LA VENTILATION

SUR

LES ANIMAUX SAINS ET MALADES.

Par M. RENAULT.

(Discours prononcé à l'Académie impériale de médecine dans sa séance
du 14 janvier 1862.)

Extrait du Journal le RECUEIL DE MÉDECINE VÉTÉRINAIRE.

Note du Rédacteur. — Nous croyons utile, pour en faire comprendre
le début et l'opportunité, de dire dans quelles circonstances et à quelle
occasion ont été produites les opinions et les observations pleines d'intérêt qui font la matière de ce discours, dont nous n'avons pas besoin
de faire ressortir l'importance.

Dans un rapport sur la résection de la hanche dans l'homme, qu'il
avait fait à l'Académie impériale de médecine, M. le professeur Gos-
selin avait incidemment indiqué l'encombrement et le défaut d'aération
des salles d'hôpitaux, à Paris, comme un obstacle à la facile guérison,
et même comme une cause fréquente d'accidents graves à la suite des
grandes opérations pratiquées dans ces hôpitaux.

Repris et développé par un des chirurgiens les plus éminents, qui
est aussi l'un des orateurs les plus écoutés de l'Académie, par M. Mal-
gaigne, ce reproche d'insalubrité de nos établissements hospitaliers
avait été vivement et habilement combattu par l'honorable M. Davenne, à qui son caractère, son talent, et plus particulièrement, dans
cette circonstance, sa qualité d'ancien directeur de l'assistance publique, donnaient une incontestable autorité; puis il avait été repro-
duit, mais sans démonstration bien rigoureuse, par deux ou trois
autres membres. Après quoi, sans avoir été précisément close, la discussion à peine ébauchée, malgré l'importance du sujet, avait été inter-
rompue et semblait devoir s'arrêter là avec l'assentiment du bureau;
lorsque notre confrère M. Renault, qui en comprenait avec raison toute
la gravité, demanda la parole pour insister sur sa reprise et sa conti-
nuation, et prononça le discours suivant qui aura certainement, pour

tous nos lecteurs, le même intérêt qu'il a eu pour l'Académie sur laquelle il a paru produire une vive impression. La meilleure preuve que nous en puissions donner, c'est le développement et l'élévation qu'ont pris les débats dans les nombreuses séances qu'y a ensuite et sans interruption consacrées la savante compagnie; c'est le retentissement qu'ils ont eu dans le monde médical et jusque dans le palais du chef de l'Etat, puisque, avant même qu'ils fussent terminés, Son Excellence M. le ministre d'Etat invita l'Académie, de la part de l'Empereur dont ils avaient éveillé la haute sollicitude, à vouloir bien lui en adresser le résumé, avec ses propositions sur les réformes qu'elle croirait devoir conseiller pour améliorer l'hygiène nosocomiale.

Nous sommes heureux pour notre profession, et pour la section qui la représente à l'Académie, de dire que M. Renault a été nommé membre et président de la commission spéciale que l'assemblée a chargée de préparer le projet de rapport demandé par Sa Majesté.

Voici le discours de M. Renault :

M. Renault. — Messieurs, je viens m'excuser d'abord auprès de l'Académie de n'avoir pas été présent à la séance du 31 décembre dernier, lorsque M. le président m'a fait l'honneur de m'appeler à cette tribune pour y prendre mon tour de parole. J'étais, ce jour-là, retenu ailleurs par des devoirs officiels qu'ont dû remplir tous ceux d'entre nous qui appartiennent à l'administration. J'ajoute que je ne pensois pas qu'à cette dernière séance de l'année, presque entièrement consacrée d'ordinaire à des élections qui font l'assemblée peu nombreuse et très-distraite, on pût s'occuper d'un sujet aussi sérieux que celui qui fait la matière du débat actuellement engagé devant vous. Je ne crois donc pas avoir mérité le blâme dont j'ai été l'objet à cette occasion. Et puisque je viens de vous entretenir de cette circonstance, qu'il me soit permis de m'étonner de quelques paroles qui auraient été prononcées à ce propos par notre honorable secrétaire perpétuel. Si j'ai été bien informé, il aurait appuyé le blâme qui m'a été infligé, sur ce fait que l'ordre du jour est chargé, que plusieurs rapports sont en retard, « qu'il fallait en finir avec cette discussion qui durait déjà depuis assez longtemps. » Je dis que ces paroles m'ont étonné; car, Messieurs, tout en désirant autant que personne que l'Académie suffise à tous les travaux qui lui incombent, j'ai la ferme croyance que c'est moins, beaucoup moins, par leur nombre que par leur importance qu'elle doit chercher à justifier la haute position qu'elle occupe dans l'opinion publique et dans le monde savant. Ce n'est pas à aborder et à traiter beaucoup de sujets qu'elle doit s'attacher; c'est à choisir, parmi ceux qui lui sont soumis, ceux que, à raison du plus grand intérêt qu'ils présentent, il lui convient de livrer à une plus complète discussion; c'est à ne vouloir pas, lorsqu'elle est saisie d'une question de cet ordre, que cette question lui échappe avant d'avoir été aussi étudiée, débattue, approfondie dans son sein, que l'état de la science le comporte, et que l'exige son importance ; il faut, en un mot, qu'elle y ait été pour ainsi dire épuisée, et qu'il en sorte tout ce qui pouvait en sortir d'utile pour la science ou pour la pratique. Or, je vous le demande, savez-vous, parmi toutes celles ressortissant à votre compétence, une question plus grande par son côté scientifique, plus grave par les conséquences pratiques qu'elle peut avoir, plus digne de votre examen et de vos méditations par ses rapports étroits et journaliers avec la santé publique, que celle qu'un incident de discussion vient de poser devant vous? Et c'est quand cet incident, que j'appellerai un heureux hasard, vous a mis en face d'un problème médico-chirurgical aussi élevé, aussi complexe, d'un si puissant intérêt humanitaire, et dont la solution ne peut être donnée que par vous seuls, que vous voudriez clore comme ayant atteint son terme, la discussion qu'il vient de faire naître et dans laquelle, si éminents soient-ils, vous n'avez encore entendu que deux ou trois de nos collègues. En vérité, ce serait, à mon sens, vous faire injure que de le croire.

Ne s'agit-il pas, en effet, dans ce débat, de rechercher et de dire jusqu'à quel point il est vrai que l'insuffisance relative de la masse d'air renfermée dans les salles de nos hôpitaux, comme elles sont construites pour la plupart aujourd'hui; que l'absence ou l'insuffisance de leur ventilation; que le trop grand nombre de malades qu'on y accumule relativement à leur capacité; que, aussi, la situation de ces hôpitaux au milieu ou dans l'enceinte des grands centres de population, soient autant de circonstances qui, en contribuant à altérer plus ou moins profondément la pureté de l'air dans lequel les malades sont plongés, donnent si souvent à leurs maladies un caractère plus insidieux et plus grave, et jouent un rôle principal dans la mortalité qui les frappe dans ces établissements auxquels ils étaient venus demander le rétablissement de leur santé? Ne s'agit-il pas de rechercher et de dire si c'est à cette insuffisance d'aération et de ventilation, et, par suite, à la viciation de l'air de ces salles, qu'il faut attribuer les accidents graves et mortels dont sont suivies dans nos hôpitaux un si grand nombre d'opérations, si habilement qu'elles aient été pratiquées, qui, dans d'autres localités, ont généralement d'heureux ou de moins funestes résultats? Si c'est à cette influence qu'il faut reporter certaines complications qui, dans ces hôpitaux, viennent troubler la marche ou occasionner la terminaison fâcheuse même des affections rangées dans la classe des maladies dites ternes? — Je le répète, je le demande de nouveau, est-il un sujet qui appelle plus impérieusement et plus haut vos méditations et vos lumières; et se pourrait-il qu'il échappât à l'Académie, avant que, pour l'éclairer, les savants professeurs de clinique, les éminents chirurgiens et médecins d'hôpitaux, les praticiens expérimentés qu'elle compte parmi ses membres, soient venus apporter à cette tribune le précieux contingent de leurs observations? L'humanité l'attend de leur savoir et de leur philanthropie ; et l'administration de l'assistance publique, qui est appelée à réaliser dans l'édification et l'aménagement de nos hôpitaux les conditions jugées les meilleures pour leur salubrité, attend de vous les avis dont elle a besoin pour, dans la limite de son pouvoir et de ses ressources, satisfaire aux vœux de la science dans l'accomplissement de cette délicate partie de sa mission. Attentive à ce débat, elle a eu dans cette enceinte, et dans la personne de notre si distingué et si savant collègue M. Davenne, un organe éloquent de sa sollicitude en cette matière. Vous ne voudriez pas qu'elle fût en droit de vous reprocher un jour d'avoir failli à lui donner le concours de votre expérience et de vos conseils dans cette circonstance.

Vous voudrez donc, j'en suis convaincu, continuer cette discussion qui commence à peine. Vous le voudrez d'autant plus que, dans maintes circonstances, vous n'avez pas hésité, et vous avez eu raison, à consacrer un grand nombre de vos séances à l'examen de questions d'un intérêt bien grand sans doute, mais qui, en définitive, ne portaient que sur une seule maladie, une seule opération; quelquefois même sur un simple procédé opératoire. Or, celle dont il s'agit en ce moment intéresse, et intéresse profondément toutes les maladies, toutes les opérations, tous les malades qui viennent se faire traiter dans nos établissements hospitaliers.

Quant à moi, Messieurs, bien pénétré, comme je viens de vous le dire, de toute l'importance de cette question ; et convaincu qu'elle peut recevoir quelque lumière des observations faites par les vétérinaires sur les mauvais effets d'un air confiné et altéré sur la santé des animaux et sur la marche ou la terminaison de leurs maladies; j'ai cru remplir un devoir en demandant la parole pour vous faire connaître quelques faits qui me paraissent de nature à jeter un certain jour sur le sujet en discussion. L'Académie jugera si je me suis fait illusion.

Ces faits sont de deux ordres. Les uns se rapportent principalement à l'influence d'un air trop peu abondant et d'une ventilation insuffisante sur *les animaux en santé* réunis en grand nombre dans une même écurie; les autres à l'influence que, dans les mêmes circonstances, cet air exerce sur *les animaux malades.*

Je commencerai par exposer les premiers, me dispensant, pour tous, de commentaires que leur signification évidente rendrait superflus.

— Depuis longtemps les vétérinaires avaient été frappés de l'influence fâcheuse qu'exerçaient sur la santé des animaux, les localités relativement trop étroites dans lesquelles ils étaient logés ensemble en grand nombre, alors, surtout, que ces localités étaient insuffisamment pourvues d'ouvertures (portes et fenêtres), permettant d'y établir une facile et abondante ventilation ; alors aussi que, par la nature de leur service, ces animaux, comme les chevaux de l'armée en temps de paix, par exemple, devaient rester vingt et vingt-deux heures, sur vingt-quatre, dans leurs écuries. Ils en avaient été tellement frappés, que, dans les rapports qu'ils étaient appelés à faire, ou dans les observations scientifiques qu'ils rédigeaient sur les mortalités occasionnées par la plupart des graves enzooties sévissant dans les grands établissements militaires ou civils, ils ne manquaient pas de signaler, parmi les principales causes du mal, *l'encombrement* des animaux dans les localités trop étroites, — *le manque d'air*, — *l'insuffisance de la ventilation*. C'est principalement dans l'armée que ces plaintes se faisaient entendre.

En effet, et c'est de ce qui s'est passé dans l'armée que je vais surtout parler, parce que les observations y ont été mieux faites, les résultats mieux suivis et plus exactement traduits en chiffres, et que les faits y sont plus comparables ; en effet, dis-je, dans l'armée, il n'a, pendant plus d'un siècle et demi, été en fait et réglementairement, accordé à chaque cheval, dans les quartiers de cavalerie, que *1 mètre* de place en largeur ; et, cela, dans des écuries généralement basses, étroites, mal aérées et mal éclairées, beaucoup d'entre elles n'ayant de portes et de fenêtres que sur l'une de leurs faces ; l'autre face faisant le plus souvent mur mitoyen avec des bâtiments contigus, ou, qui pis était, dans les places fortes, étant adossée aux remparts. C'était Vauban qui, vers la fin du xvii⁰ siècle, avait fixé cette mesure de l'espace réglementaire à accorder pour la place de chaque cheval.

Mais dès que, un siècle après, des vétérinaires instruits commencèrent à remplacer dans l'armée les hommes plus ou moins ignorants qui en faisaient fonction, ces vétérinaires ne tardèrent pas à s'apercevoir des inconvénients sanitaires de cet entassement, et à les signaler dans des rapports qu'ils adressaient à leurs chefs. On conçoit que ces rapports durent rester sans effet, et même sans cause, pendant toute la durée des grandes guerres de la république et du premier empire, qui laissaient bien peu de chevaux dans les quartiers, et, dans tous les cas, bien peu de loisir à l'administration militaire pour s'occuper des dispositions de leurs écuries. Mais, avec la paix recommencèrent les maladies et les mortalités, lesquelles ramenèrent de nouveau les plaintes des vétérinaires contre l'encombrement et l'insalubrité des écuries. Pendant plusieurs années, grâce à l'infériorité de la position hiérarchique et, partant, au peu d'autorité qu'avaient à cette époque ces militaires dans les corps, leurs plaintes restèrent sans écho. Mais, enfin, elles continuèrent tellement à se multiplier et à se répéter en présence de pertes en chevaux considérables, que l'autorité supérieure dut s'en émouvoir. Tout d'abord, des commissions partielles furent nommées sur divers points du royaume pour vérifier si telle était véritablement l'une des principales causes des pertes que faisait la cavalerie. J'ai eu, pour ma part, l'honneur de faire partie de quatre de ces commissions; de l'une notamment, en 1832, qui ne se composait que de M. Yvart, alors directeur de l'École d'Alfort, et de moi. Dans cette dernière, nous avions à étudier les diverses conditions de l'état sanitaire des chevaux de la garnison de Paris.

Or, nous y constatâmes, entre autres faits, celui de l'encombrement que je viens de faire connaître; et nous n'hésitâmes pas à y voir la cause principale des maladies graves, la morve et le farcin notamment, qui faisaient de grands ravages dans les divers quartiers de cette garnison. Nous y constatâmes que les écuries qui fournissaient le plus gros contingent aux infirmeries et à la mortalité, étaient toujours celles qui étaient le plus étroites, le plus basses, le plus incomplétement ventilées, et où les chevaux étaient réunis en plus grand nombre. Nous y fîmes même cette singulière remarque que, parmi ces écuries, généralement très-longues, il y en avait dont une moitié seulement était percée de portes et de fenêtres; tandis que l'autre moitié, enclavée dans d'autres corps de bâtiments, n'avait aucune ouverture par laquelle la lumière pût y pénétrer et l'air s'y renouveler. Eh bien! les vétérinaires et les chefs de corps s'accordèrent à nous dire que c'était cette seconde moitié de ces écuries, dans laquelle s'était toujours déclaré le plus grand nombre de maladies.

Qu'on me permette de citer ici, en preuve de ce que j'avance, l'un des passages de ce rapport (1):

« Le troisième quartier du 6ᵉ hussards, situé dans la rue de Grenelle, ne contenait que 125 chevaux. Quoique sain en apparence, il a fourni dans une seule année 21 cas de morve, dont 14 en moins de trois mois. L'écurie a alors été lavée avec de la dissolution de chlorure de chaux; le bas des murs a été percé de barbacanes; et, après cette époque, 7 chevaux seulement y sont devenus morveux dans l'espace de cinq mois. Une amélioration aussi sensible tient moins, dans notre opinion, au lavage avec le chlorure de chaux, qu'au percement d'ouvertures propres à renouveler l'air. En cela nous nous fondons sur les remarques qui ont été faites au quartier du quai d'Orsay.

---

(1) Voir le *Recueil de médecine vétérinaire*, t. IX, 1832, p. 543.

« En effet, dans ce quartier, une écurie a été rendue moins insalubre par le percement de tuyaux de cheminées destinés à donner issue à l'air chaud, humide et vicié qui gagne la partie supérieure des habitations; mais cette amélioration n'ayant pu y être complète, parce que, dans une partie de l'écurie, l'établissement de cheminées n'a pu avoir lieu, cette extrémité continue à fournir plus de chevaux morveux; tandis que la proportion de ces malades a sensiblement diminué dans la partie suffisamment aérée. L'avantage du renouvellement de l'air nous semble donc bien constaté; et nous pouvons, sans témérité, en conclure que, dans la caserne de la rue de Grenelle, l'assainissement tient plus au percement des barbacanes qu'à l'action nécessairement momentanée du chlorure de chaux. »

Un peu plus loin, après avoir examiné le quartier du 2ᵉ carabiniers, à l'École militaire, dont les écuries étaient si loin d'avoir alors les belles proportions qu'elles ont aujourd'hui, nous résumions nos observations en disant : « Après avoir recherché les causes de la morve qui afflige tant de chevaux de ce régiment, nous ne voyons de probable que l'entassement de ces animaux dans des écuries relativement trop petites pour des chevaux de cette taille, et leur séjour trop long dans ces écuries, d'où ils ne sortent que pour prendre un exercice insuffisant. »

Or, il se trouva que nos observations sur ces circonstances étiologiques, dans leur rapport avec les régiments casernés à Paris, concordèrent avec celles de la plupart des autres commissions vétérinaires qui fonctionnèrent pour le même motif de 1830 à 1838.

Je puis ajouter que ce n'étaient pas seulement les vétérinaires qui accusaient le trop peu d'espace accordé aux chevaux dans les écuries militaires, de contribuer pour une large part aux pertes de notre cavalerie. Des officiers supérieurs intelligents avaient fait des observations semblables et n'hésitaient pas à les livrer à la publicité. Je citerai entre autres le lieutenant-général Wathiez, qui, en 1835, fit paraître un mémoire qui fut publié dans le *Recueil de médecine vétérinaire*, dans lequel il exprime ainsi et tout d'abord l'opinion qu'il se propose de développer :

« Quant à nous, sans prétendre nier la part d'influence que peuvent exercer aussi d'autres causes sur la mortalité occasionnée, par la morve notamment, dans nos quartiers de cavalerie, nous déclarons, d'après nos observations personnelles appuyées sur des faits qui ne laissent prise à aucun doute, qu'avant toutes ces causes il faut placer, comme agent le plus actif et le plus pernicieux, le peu d'espace (3 pieds) laissé libre à chaque cheval dans les écuries. »

Et, en effet, l'honorable général comparant ce qui arrive, toutes autres circonstances égales d'ailleurs, sur les chevaux des fermes et sur ceux de l'armée, dans un même pays; comparant la mortalité et la fréquence de la morve dans les armées allemandes dont il connaît les quartiers, et dans l'armée française, démontre avec une incontestable évidence qu'il suffit de la seule différence existant entre les écuries de cette dernière et celles de la cavalerie allemande, pour expliquer pourquoi la morve et les autres maladies graves qui la déciment, sont à peu près inconnues ou très-rares dans les autres. Il cite à cette occasion, en preuve de ce qu'il avance, cet exemple dont la signification est des plus frappantes, que, tandis qu'à Sarrelouis, où étaient casernés deux escadrons de hussards prussiens, et à Deux-Ponts, où tenait garnison un régiment de chevaux-légers bavarois, la morve était à peu près inconnue ; elle régnait en permanence et faisait éprouver de grandes pertes à notre cavalerie des garnisons de Thionville et de Sarreguemines, qui touchent pour ainsi dire Sarrelouis et Deux-Ponts. « C'est le même climat, ce sont les mêmes conditions atmosphériques, la même qualité de fourrages ; nos chevaux sont peut-être mieux choisis et constitués ; ils reçoivent des soins de propreté au moins égaux. Il n'y a que cette seule différence, qu'à Sarrelouis et à Deux-Ponts chaque cheval jouit dans les écuries d'un espace suffisant, et que la masse d'air qu'il respire dans ces écuries spacieuses et largement ventilées n'est point viciée. »

Ce fut à la suite et en présence de ces observations et des faits journellement révélés par les rapports qui lui arrivaient de toutes parts, que l'administration de la guerre, en 1838, institua une commission supérieure composée d'officiers généraux, d'intendants militaires, de membres du conseil de santé des armées, laquelle, sous le nom de *commission du casernement*, eut mission de concentrer et contrôler ces différents rapports, de faire une enquête au besoin, et d'inférer de son travail des propositions sur ce qu'il y avait à faire pour améliorer les quartiers.

Ce travail dura près de deux années, au bout desquelles la commission confirma, dans un rapport développé, la vérité des observations faites par les vétérinaires, et, entre autres conclusions, proposa de fixer à *1 mètre 50 centimètres* la place de chaque cheval ; indiquant comme dimensions nécessaires dans chaque écurie à deux rangs de chevaux, sur une longueur suffisante pour contenir ainsi espacés tous les chevaux d'un escadron, une largeur de 13 mètres et une hauteur de 6 mètres. Dans ce système, la masse d'air respirable était d'environ 20 mètres cubes d'air par cheval.

Toutefois, avant de donner suite à ces propositions, M. le ministre de la guerre voulut avoir l'avis de l'Académie de médecine ; et vous n'avez pas oublié qu'en mars 1840, à la suite d'un lumineux rapport que vous fit notre savant et regrettable collègue Bouley jeune, vous avez donné votre pleine et entière approbation aux propositions de la commission du casernement.

Seulement, votre commission n'accepta pas, sans en donner le motif, la réunion de tous les chevaux d'un escadron dans une même écurie. Voici en quels termes, bons à rappeler ici, s'exprima à cet égard son rapporteur :

« Si *les besoins du service militaire* n'avaient pas *exigé* que les chevaux « fussent réunis en grand nombre dans une même écurie, nous vous au- « rions proposé de faire construire des écuries moins spacieuses; *l'expé-* « *rience ayant démontré que l'agglomération des animaux dans un même* « *local donnait souvent naissance à des maladies générales et très-graves,* « telles que la morve, le farcin, le typhus, etc., etc. Mais nous savons, Mes- « sieurs, que *les avantages sanitaires qui résulteraient de cette modification* « seraient balancés par une foule d'inconvénients de service qui doivent « les faire rejeter. Nous y renonçons donc, *mais à regret,* en adoptant la « dimension proposée par la commission (1). »

Après l'avis si nettement formulé par l'Académie, le gouvernement, sans se laisser effrayer par les dépenses considérables qu'allait lui imposer cette mesure, se mit à l'œuvre à partir de 1841 ; mais ce ne fut qu'en 1846, qu'un assez grand nombre d'écuries neuves avaient été construites et d'écuries anciennes avaient été modifiées dans cet ordre d'idées, pour que les effets qui devaient en résulter pussent être constatés.

Je dois dire aussi que, empêché par l'étendue des localités existantes, on ne put, dans les écuries anciennes qu'on modifia, donner que 1 mètre 20 centimètres à chaque cheval. Ce ne fut que dans les écuries neuves que l'on construisit, que la largeur de chaque place fut portée à *1 mètre 45 centi-* *mètres,* dimension prescrite aux officiers du génie par la circulaire minis- térielle du 23 septembre 1840.

Or, pour mettre l'Académie à même d'apprécier ce qu'ont été ces effets, j'ai relevé, ces jours derniers, au ministère de la guerre, les chiffres offi- ciels de la mortalité dans toute la cavalerie française, pendant chacune des dix années qui ont précédé ces réformes des écuries, et, comparativement, ceux des treize années qui les ont suivies jusqu'à 1858 inclusivement. Elle jugera s'ils justifient les opinions et les espérances des vétérinaires qui sol- licitaient ces réformes depuis si longtemps.

MOYENNE DES PERTES SUR 1000 CHEVAUX.

	Pour morve.	Pour toutes les maladies, y compris la morve.
Période de 1835 à 1845	51	94
Période de 1846 à 1858	21	48

Il y a donc, comme on le voit, dans la période qui a suivi l'agrandissement des écuries et leur plus grande aération, une différence de pertes en moins, de près des trois cinquièmes pour la morve, et de la moitié environ pour la mortalité générale. Diminution considérable, et qui, tout doit le faire es-

---

(1) *Bulletin de l'Académie de médecine,* 1840, t. V, p. 36.

pérer, croîtra encore dans les années suivantes, puisque, dans la dernière de ces deux périodes, les pertes ont toujours été en décroissant d'année en année, au fur et à mesure que le nombre des écuries agrandies, aérées et ventilées, a été en augmentant ; et qu'il existe des quartiers qui, sous ces divers rapports, ne sont point encore dans les nouvelles conditions réglementaires.

Comme exemple de cette décroissance progressive des pertes dans la dernière période, les relevés que j'ai faits établissent qu'alors que la perte sur 1000 était encore :

	Pour morve.	Pour toutes les maladies.
En 1846, première année de cette seconde période, de....................	35	64
Et en 1847, de........	26	53

elle était, dans les deux dernières années :

En 1857, de.........................	16	37
En 1858, de.........................	10	28

Or, depuis 1846, il n'y a eu absolument de changé, dans les conditions d'hygiène de nos chevaux, que la largeur de la place qui leur est accordée dans les écuries, que l'augmentation de la capacité, et que l'aération et la ventilation de ces localités. La nourriture, l'exercice, le pansage, etc., etc., sont restés les mêmes. Il n'y a donc pas à se méprendre sur la cause de cette amélioration, si rapidement et si sensiblement croissante, de l'état sanitaire.

Au surplus, ce qui est arrivé dans l'armée française, depuis ces utiles réformes dans ses quartiers de cavalerie, s'observait déjà depuis longtemps dans la cavalerie des diverses puissances de l'Allemagne, où elles avaient été opérées bien antérieurement. J'ai déjà dit les curieuses remarques consignées par le général Wathiez dans le mémoire que je citais tout à l'heure, sur la mortalité, à cette époque, de nos garnisons de Thionville et de Sarreguemines, comparées à celle de la cavalerie prussienne casernée à Sarrelouis, et à celle de la cavalerie bavaroise casernée à Deux-Ponts. J'ajouterai que, ayant eu occasion moi-même de visiter la plupart des États de l'Allemagne en 1844-45, et depuis, j'ai, à cette première époque, étudié de près les conditions du casernement de la cavalerie dans les principales villes de ces divers États, et y ai constaté que, en effet, les chevaux y sont, sous le rapport des habitations, dans des conditions bien supérieures aux nôtres. Il est vrai que, comme en France, les exigences du service militaire ont obligé à donner à presque toutes les écuries l'étendue nécessaire pour contenir chacune tous les chevaux d'un escadron ; mais elles y sont, en général, élevées, spacieuses, largement ventilées par le grand nombre de leurs fenêtres, par des cheminées d'appel, par des barbacanes ; et le moindre espace accordé à la place de chaque cheval est de *1 mètre 50 centimètres;* il en est qui ont *1 mètre 60 centimètres.* — Je ferai encore remarquer que dans tels de ces États, l'Autriche et la Saxe par exemple, la plupart des régiments de cavalerie, dans les provinces, sont cantonnés dans les villages et, conséquemment, dispersés par très-petites fractions dans les écuries des paysans et des petits propriétaires de ces villages.

Je n'ai pas manqué de m'enquérir, à cette occasion, du chiffre de la mortalité dans les corps qu'il m'a été donné de voir de près ; et voici ce que je trouve à ce sujet sur mes notes de voyage. Je citerai les régiments en garnison dans les capitales, ceux précisément qui sont dans les conditions d'aération comparativement les moins avantageuses.

A Berlin. — Dans les deux régiments de grosse cavalerie que j'y ai vus, la *mortalité* annuelle, toutes maladies et accidents compris, était, en moyenne, de 3 chevaux par escadron de 150 chevaux; soit environ 18 pour 1,000. La *morve* y était tellement rare, que M. Robain, vétérinaire en premier du 1er cuirassiers, qui m'accompagnait dans ma visite, m'assura n'en avoir pas vu un seul cas depuis six ans qu'il était dans ce régiment. Voici, du reste, concernant cette maladie, une anecdote qui m'a été racontée dans les bureaux du ministère de la guerre, et qui prouve à quel point on est peu habitué à la voir apparaître autrement que comme une exception, dans l'armée prussienne :

On apprit, à l'administration de la guerre, en 1844, que le 7e régiment de hulans, ayant ses quartiers à Munster, en Westphalie, venait de perdre, pendant l'automne, une douzaine de chevaux de la morve. Tout aussitôt, une commission extraordinaire fut envoyée à Munster pour faire une enquête sur un fait aussi insolite; et, à la suite du rapport de cette commission, un officier général ayant été dépêché, à son tour, sur les lieux, et ayant constaté que cette maladie ne pouvait résulter que de la fatigue occasionnée par des manœuvres excessives, le colonel qui les avait ordonnées fut immédiatement destitué.

A Vienne. — La mortalité dans les deux régiments, un de hulans, un autre de dragons, que j'y ai vus, était en moyenne de 15 sur 1,000. La morve entrait dans cette moyenne ordinairement pour 5 ou 6 sur 1,000. Cependant, le vétérinaire de l'un de ces régiments m'assura n'en avoir pas constaté un seul cas depuis trois ans.

A Dresde. — La mortalité moyenne était de 10 par régiment de 700 chevaux, soit de 14 pour 1,000. La morve ne s'y montrait que très-exceptionnellement, à ce point que M. Jacob, vétérinaire en premier des cuirassiers, m'affirma n'y avoir pas vu un cheval morveux, depuis six ans qu'il y était.

A Munich. — Chaque régiment de cavalerie bavaroise a un effectif de

700 chevaux. Le régiment de cuirassiers que j'ai vu à Munich perdait en moyenne 10 chevaux par année, soit 14 environ sur 1,000. Depuis dix-huit ans, ce régiment n'avait perdu que 2 chevaux de la morve.

Je dois dire que la nature des aliments, la quotité de la ration, le régime intérieur, les exercices, sont, à peu de différences près, les mêmes dans les armées allemandes que dans la nôtre.

L'influence des habitations ne saurait donc être, ici non plus, sérieusement contestée.

Voici, d'ailleurs, quelques nouveaux exemples pris dans des faits tout récents, qui me paraissent établir, d'une manière bien frappante, les heureux effets d'un air pur et abondant sur la santé des chevaux.

Chacun sait qu'après la dernière campagne d'Italie, la France a laissé dans ce pays une armée d'occupation temporaire, qui y est restée près d'une année. Cette armée comprenait dans son effectif un corps de dix mille hommes de cavalerie dont les chevaux, faute de quartiers dans les villes, furent ce qu'on appelle *baraqués*, c'est-à-dire logés dans des espèces de hangars construits *ad hoc* pendant toute la durée de l'occupation. Or, M. Moulin, vétérinaire en premier, qui a fait fonction de chef du service vétérinaire auprès de ce corps d'armée, a constaté que la mortalité y avait été presque nulle, et, chose singulièrement remarquable, qu'on n'y avait constaté aucun cas de morve pendant toute la durée de son séjour.

Presque à la même époque, de 1858 à 1861, M. Oger, vétérinaire en premier au 7ᵉ lanciers, convaincu par une longue expérience que, même dans leurs conditions actuelles d'amélioration, la plupart des écuries anciennes ne donnent pas encore aux chevaux un air aussi pur et aussi abondant qu'il conviendrait à leur santé, obtenait de son colonel l'autorisation de laisser portes et fenêtres ouvertes, nuit et jour, non-seulement dans toutes les écuries occupées par les chevaux du régiment, mais encore dans les infirmeries. A peine quelques mois de ce régime s'étaient-ils écoulés, que déjà son influence se traduisait par une remarquable amélioration dans l'état sanitaire des chevaux de ce régiment, et par la gravité sensiblement moindre des affections de ceux qui étaient aux infirmeries. Ce fut à ce point que les colonels de deux autres régiments, le 4ᵉ chasseurs et le 5ᵉ hussards, frappés par ces résultats, suivirent l'exemple donné par le 7ᵉ lanciers, et, depuis lors, ont vu, comme ce dernier, les excellents effets de cette aération permanente se manifester par une diminution notable dans le nombre de leurs chevaux malades et le chiffre habituel de leur mortalité.

Les mêmes observations sont faites, à l'heure qu'il est, au dépôt de remontes de Mâcon, dont M. Oger a été nommé vétérinaire depuis le mois de janvier 1861, et où, dès son arrivée, il a obtenu du commandant du dépôt l'autorisation de suivre, pour l'aération des écuries et infirmeries, le même système qu'au 7° lanciers. Il s'en est suivi les mêmes effets.

Ces résultats étaient trop dignes d'attention pour ne pas éveiller la sollicitude de M. le ministre de la guerre. Aussi, à peine furent-ils portés à sa connaissance par un mémoire de M. Oger, que, sur la proposition du comité d'hygiène hippique, auquel le mémoire avait été renvoyé, il a autorisé que des expériences soient faites sur une grande échelle pour les contrôler d'une manière évidente. En ce moment, ces expériences sont commencées à Versailles, depuis le 11 décembre dernier; et des ordres sont donnés pour qu'elles soient faites également dans des régiments de diverses armes, au centre, au midi et au nord de la France. Voici, d'après le programme préparé par le comité, en quoi elles doivent consister:

« MM. les chefs des corps, dans lesquels elles auront été prescrites, choisiront dans leur régiment deux escadrons logés dans des écuries ayant autant que possible les mêmes dispositions et la même orientation. L'un de ces escadrons, devant servir de point de comparaison, sera soumis à l'aération habituelle du corps, l'autre à l'aération permanente.

« Celle-ci consistera à laisser les portes et les croisées de l'écurie constamment ouvertes, quel que soit l'abaissement de la température. Il n'y aura d'exception qu'en hiver, dans les deux cas suivants : 1° lorsque les portes, dont l'une serait située au nord et l'autre au midi, se correspondraient; 2° lorsque les chevaux rentreront du travail ou des promenades. Dans le premier cas, on fermera la porte du nord seulement; dans le deuxième, les portes et les croisées seront fermées pendant l'espace d'une à deux heures au plus.»

L'Académie comprend de reste tout l'intérêt que devront avoir ces expériences, du résultat desquelles je m'empresserai de lui faire part lorsqu'elles seront terminées.

Ainsi, Messieurs, il me paraît de la dernière évidence, par les faits précis et authentiques qui précèdent, que les localités qu'ils habitent exercent sur les chevaux sains une influence salutaire ou funeste, suivant que, dans ces habitations, ils sont ou ne sont pas en trop grand nombre relativement à leurs dimensions et à leur capacité; suivant que l'air y est plus ou moins pur et abondant, et suivant que la ventilation nulle, insuffisante ou complète, l'y laisse stagnant ou permet qu'il se renouvelle plus facilement.

— S'il en est ainsi pour les chevaux bien portants, il est non moins évident, à *priori*, que les mêmes circonstances devront produire des effets semblables, sinon plus prononcés encore, sur les animaux malades réunis en trop grand nombre dans des espaces relativement trop étroits. Il est clair, en effet, d'une part, que des animaux malades logés dans un local d'une même capacité en même nombre que des animaux bien portants, y dégageront par leur transpiration, par leur expiration, par leurs produits d'excrétion et de sécrétion physiologiques et surtout morbides, notamment ceux qui ont des plaies suppurantes ou des affections catarrhales, plus d'émanations miasmatiques, y vicieront conséquemment l'air beaucoup plus vite et beaucoup plus profondément que ces derniers. Il est non moins clair, d'autre part, que des animaux déjà plus ou moins affaiblis ou épuisés par la maladie seront bien plus impressionnables à l'action de l'air ainsi altéré au milieu duquel ils sont plongés, que des animaux robustes et jouissant de toute leur santé. Leur état maladif ne peut donc que s'aggraver dans de pareilles conditions, d'autant plus que ces animaux ne sortant pas, à raison de cet état même, restent dans cette atmosphère que leur séjour infecte à chaque instant davantage, vingt-quatre heures sur vingt-quatre.

Eh bien ! ce que le raisonnement, ce que les connaissances les plus élémentaires de la physiologie et de la pathogénie rendent si évident, quelques faits, pris au hasard entre cent autres, vont le démontrer avec plus d'autorité encore.

Je disais, en commençant cette argumentation, que depuis longtemps les vétérinaires de l'armée se plaignaient de ce que les habitations des chevaux y manquaient d'espace et d'air ; j'aurais pu ajouter que c'était surtout aux écuries servant d'infirmeries que s'appliquaient ces plaintes. En effet, par une singulière aberration d'idées de l'administration militaire d'autrefois, il se trouvait qu'on avait choisi, en général, pour en faire des infirmeries, celles des écuries des quartiers qui étaient les plus malsaines par leur exiguïté et le manque d'air et même de lumière ; et puis, comme elles étaient presque toujours trop peu nombreuses eu égard à la grande quantité des malades, ceux-ci y étaient entassés, plus encore que les chevaux valides ne l'étaient dans les écuries d'escadron. Aussi, les maladies les plus simples y prenaient-elles trop souvent un caractère grave, et la mortalité y était-elle considérable. Les faits abondent, à l'appui de ce que j'avance, dans les rapports annuellement envoyés au comité d'hygiène hippique. Il me suffira d'en citer quelques-uns analogues qu'ont bien voulu détacher de leurs notes particulières deux des membres les plus distingués de ce comité. Voici ces faits : ils sont relatifs, le premier à des cas chirurgicaux, les autres à des malades atteints d'affections catarrhales.

En 1844, le 4e chasseurs se rendant de Tarascon à Tours par un temps pluvieux, arrivait à cette dernière garnison avec un assez grand nombre de chevaux plus ou moins gravement blessés au garrot, et sur plusieurs desquels des opérations, suivies d'une abondante suppuration, avaient dû être pratiquées. Ces chevaux furent répartis dans deux écuries : l'une grande et spacieuse ; l'autre obscure, basse, humide, ne pouvant contenir que huit chevaux sur un seul rang, et n'ayant pour toute ouverture qu'une porte et une petite fenêtre. Cette dernière reçut huit chevaux gravement atteints, le maximum de ce qu'elle pouvait contenir. Au bout de quelques jours, malgré le soin qu'on avait de tenir la porte et la fenêtre constamment ouvertes, malgré les fumigations aromatiques qu'on y répétait plusieurs fois par jour, l'air de cette dernière écurie devint infect ; et, à partir de ce moment, toutes les plaies prirent un mauvais aspect ; il s'y manifestait des points gangréneux ; la suppuration devint claire et fétide, et l'état général des malades se modifia fâcheusement.

L'un d'eux succomba le quinzième jour à une infection purulente. — Un second mourut le dix-septième jour de la même maladie. — Un troisième succomba le vingt et unième jour, le corps couvert de pustules d'apparence farcineuse. — Un quatrième mourut de la morve aiguë le vingt-troisième jour. — Enfin, un cinquième succomba encore le trentième jour à une infection purulente. Quoi qu'on ait pu faire pour désinfecter l'écurie après la mort des cinq premiers, la guérison des trois restants se fit très-longtemps attendre ; et ils ne rentrèrent dans l'escadron que dans un état inquiétant pour l'avenir. Quant aux blessés qui furent placés dans la grande écurie, où l'air était abondant et facile à renouveler, ils n'éprouvèrent aucun accident ; et tous se rétablirent plus ou moins promptement. Je dois la connaissance de ce fait à l'obligeance d'un vétérinaire principal , M. Auboyer.

Le même vétérinaire m'a communiqué une autre observation que voici, qui démontre la fâcheuse influence de l'agglomération des malades, même dans un local spacieux. En 1853 (M. Auboyer était alors vétérinaire au dépôt de remonte de Saint-Lô), la nécessité du service obligea de mettre ensemble dans une écurie offrant pourtant à chaque animal l'espacement réglementaire, 18 chevaux atteints de gourme bénigne. Douze jours après, 14 de ces animaux en sortaient guéris, et y étaient immédiatement remplacés par 14 autres plus gravement atteints, dont quelques-uns jetaient abondamment, dont d'autres avaient eu de vastes abcès qu'il avait fallu ouvrir et qui suppuraient beaucoup, dont plusieurs, atteints de pneumonie, avaient des sétons. Peu de jours après l'entrée de ces derniers animaux, l'air de l'écurie prit une odeur fade d'abord, puis fétide, quoi qu'on pût faire pour la propreté et l'aération du local ; et bientôt on remarqua que, sur plusieurs chevaux, la suppuration des sétons prit un fâcheux caractère ; des engorgements de mauvaise nature se développèrent sur le trajet de ces exutoires ; il y eut quelques cas de gangrène partielle ; l'état général des animaux les plus affectés devint inquiétant, etc. Frappé de ce qu'il voyait et en soupçonnant la cause, M. Auboyer demanda et obtint immédiatement l'évacuation de la moitié des malades, dont il ne resta plus que 9 dans cette écurie. Dès le lendemain, la mauvaise odeur avait disparu ; et, peu de jours après, les maladies avaient repris leur marche régulière.

Je dois les deux séries d'observations qui vont suivre à M. Poumerol, vétérinaire en premier, détaché au comité d'hygiène hippique.

« Les écuries de la remonte d'Agen sont au nombre de cinq, dont trois peuvent contenir réglementairement 99 chevaux. Toutes ces écuries sont grandes et bien aérées. Elles sont bâties sur un terrain élevé et leur exposition est excellente. L'espace réservé à chaque cheval est de 1 mètre 20 centimètres, et le volume d'air est d'environ 27 mètres cubes par tête. Cependant, lorsque le nombre des jeunes chevaux dans les écuries dépasse 80, lors surtout qu'ils y sont au complet de 99, les maladies du jeune âge y deviennent promptement plus nombreuses et plus graves ; les gourmes s'y compliquent d'angines intenses et d'accidents typhoïdes, quels que soient d'ailleurs la température et l'état de l'atmosphère extérieure. Par exemple, en 1858, l'effectif étant peu élevé, et un tiers au moins des places restant inoccupé, les chevaux furent répartis dans les diverses écuries en nombre proportionnel à l'étendue de chacune d'elles : aussi cette année-là s'écoula-t-elle presque sans mortalité ; les gourmes furent toutes bénignes ; les angines graves et les maladies de poitrine nulles. — En 1859, au contraire, les achats ayant été nombreux, et toutes les écuries comme toutes les places ayant dû être occupées, les effets ordinaires de l'encombrement ne tardèrent pas à se manifester. Les gourmes prirent presque toutes un caractère insidieux ; beaucoup se compliquèrent d'angines graves et de maladies de poitrine ; et, au mois de septembre, une sorte d'épizootie typhoïde se déclara dans le dépôt : 16 chevaux en furent atteints, 5 y succombèrent. Les accidents ne cessèrent que lorsque, par ordre supérieur, l'effectif du dépôt fut réduit à moitié par le départ de plusieurs détachements.

» En 1860, les acquisitions furent, il est vrai, moins nombreuses, en somme, qu'elles ne l'avaient été l'année précédente ; mais comme elles furent effectuées toutes à la même époque, il en résulta une agglomération temporaire. Aussi vit-on reparaître les maladies et les complications observées en 1859 : 14 cas de pneumonie avec atération du sang se déclarèrent dans le mois de juin ; 4 chevaux en moururent. Éclairé par l'expérience de l'année précédente, j'avais déjà sollicité l'autorisation d'évacuer une partie des chevaux dans les écuries de la ville, lorsque l'ordre arriva au dépôt de faire partir un convoi de 30 chevaux. Dès ce moment, l'encombrement ayant cessé, l'état sanitaire changea presque subitement ; de mauvais qu'il était depuis plusieurs mois, il devint très-bon, et se maintint ainsi pendant tout le reste de l'année. »

Voici une autre observation faite par M. Poumerol dans le même dépôt :

« L'écurie qui y sert d'infirmerie offre les meilleures conditions d'hygiène comme dimension et aération : tous les quinze jours on la lave et nettoie à fond, et on en blanchit les murs à la chaux. Cette écurie est faite pour 12 chevaux espacés à 1 mètre 20 centimètres, et donne à chacun 26 mètres cubes d'air. Eh bien! pendant les quatre années que j'ai passées au dépôt, je n'ai jamais pu mettre à la fois plus de 6 chevaux dans cette écurie, sans remarquer dans la marche des maladies une aggravation manifeste. Lors, par exemple, que toutes les places étaient occupées, les maladies de poitrine un peu intenses devenaient infailliblement mortelles; c'était à ce point que les officiers et les soldats du dépôt, que l'observation constante de ces faits avaient frappés, prédisaient la mort de tout cheval entrant dans ces conditions à l'infirmerie. Ce n'a jamais été que dans ces circonstances d'agglomération un peu prolongée que j'ai vu les gourmes se compliquer d'angines gangréneuses; et ces accidents de gangrène étaient si prompts alors à se produire, que, à ces époques, je devais m'abstenir de tous exutoires, bien qu'ils fissent merveille en ville, parce que, à notre infirmerie, ils provoquaient souvent soit des gangrènes partielles de la peau, soit des engorgements de même nature presque toujours mortels. »

Que si, maintenant, l'Académie n'est pas trop fatiguée de ces détails, je finirai par un exemple emprunté à mes observations personnelles et qui est de nature, je pense, à frapper les plus incrédules. C'est l'École d'Alfort qui me le fournira.

Cet établissement n'a pas toujours eu pour infirmeries les belles écuries qui existent maintenant. Avant 1828, les chevaux malades, ceux affectés de plaies suppurantes, comme ceux atteints de maladies internes, étaient logés ensemble dans des écuries à un seul rang, longues, étroites, sombres, ayant à peine 3 mètres 1/2 de hauteur, et percées sur une de leurs faces seulement de petites fenêtres qu'on n'ouvrait presque jamais. Le sol était en pavés très-anciens et mal joints par de la terre; de sorte que les urines, le sang, les matières purulentes de toute sorte y avaient pénétré depuis longtemps, s'y étaient altérés, et qu'il s'en dégageait incessamment des miasmes infects. Mangeoires, râteliers, stalles, tout était à l'avenant. Faute d'abri extérieur, force était, pour peu qu'il plût ou qu'il fît froid, de faire tous les pansements dans l'infirmerie même. Aussi, même en plein jour quand les portes étaient ouvertes, l'air qu'on respirait dans ces écuries avait-il une odeur fétide et pénétrante qui, la nuit, devenait littéralement insupportable. Eh bien! je n'exagère rien en disant que la plupart des blessures, même légères, que la plupart des opérations, même simples, s'y compliquaient souvent d'accidents des plus redoutables. Rien n'y était plus ordinaire que de voir une simple saignée, quand elle avait été suivie du moindre épanchement de sang sous la peau, donner naissance à des engorgements de mauvaise nature ou à des phlébites suppurées. La castration elle-même, cette opération que l'on voit journellement pratiquer avec succès dans les campagnes par d'ignorants empiriques, n'y réussissait en quelque sorte qu'exceptionnellement ; à ce point que Barthélemy aîné, notre ancien collègue, et que Vatel qui lui succéda à la clinique d'Alfort, ne l'y pratiquaient qu'avec hésitation et à la condition que l'animal, après l'avoir subie, ne resterait pas dans les hôpitaux de l'École et serait emmené par son propriétaire aussitôt après l'opération. C'était aussi chose ordinaire que les complications typhoïdes ou les terminaisons gangréneuses des angines, des pneumonies, et de la plupart des autres phlegmasies. J'étais, à cette époque, chef de service à la clinique d'Alfort; et ce fut alors que je commençai, n'ayant que l'embarras du choix, à recueillir les nombreux matériaux qui m'ont servi, plus tard, à composer les mémoires que j'ai publiés sur les résorptions purulentes et sur la gangrène septique.

En 1828, ces écuries furent abattues et remplacées par d'autres où on fit la faute, tout en les réduisant à huit chevaux suffisamment espacés, de n'augmenter pas leur hauteur, et de les laisser manquer d'une complète aération. La hauteur n'était en effet que de 3^m.45. Le sol fut aussi fait en pavé ordinaire, et les mangeoires en bois. Or, il n'y avait pas deux ans que ces nouvelles écuries étaient habitées, que la même infection, ou à peu près, s'y produisit dans l'air intérieur, et, par suite, les mêmes accidents, bien que moins nombreux, sur les malades. J'étais pendant cette période, de 1830 à 1838, professeur de clinique.

Devenu directeur, à cette dernière époque, j'eus à donner un programme à l'architecte pour la construction de nouvelles écuries qu'on édifia, en 1839, afin de compléter le bâtiment des hôpitaux. Voici les proportions que je leur fis donner, et comment j'en fis composer les aménagements, pour les rendre aussi salubres que possible :

Chaque écurie principale contient un maximum de huit chevaux placés sur deux rangs et occupant chacun une place de 1^m.60 de largeur; chaque rang de quatre chevaux est séparé par une allée de 4 mètres de largeur. La hauteur du sol au plafond est de 6^m.25, ce qui donne 56 mètres cubes d'air par cheval. L'aération se fait par une large porte à deux battants qui correspond à l'extrémité d'entrée de l'allée médiane qui sépare les deux rangs, et ouvre sur une vaste cour. De plus, six grandes fenêtres à bascule centrale, faciles à ouvrir et à fermer au moyen d'un mécanisme assez simple, sont percées, trois de chaque côté, à 5 mètres du sol ; ce qui permet une ventilation facile et aussi complète qu'on veut, sans produire de courant d'air sur les malades. Ces diverses ouvertures donnent, en même temps, une abondante lumière dans l'écurie.

Au lieu d'être formé de pavés ordinaires laissant toujours entre eux, quoi qu'on fasse, des intervalles par lesquels le sang, le pus, les eaux de pansements, l'urine, etc., pénètrent dans la terre qui les joint, le sol est formé de briques de Bourgogne placées de champ, jointes à ciment romain, parfaitement impénétrables aux liquides; il est légèrement incliné dans son ensemble de manière à permettre le facile écoulement de l'urine ou autres liquides. Le poli de sa surface, qui ne présente nulle part aucune dépression ou cavité, empêche aucune matière d'y séjourner et de s'y altérer, et le rend très-facile à nettoyer complétement et instantanément avec quelques seaux d'eau. Les mangeoires, au lieu d'être en bois, et à fond plat sur lequel les bords se relèvent à angle droit, sont en fonte polie, ce qui les rend tout à fait imperméables; et à fond arrondi en cuvette, ce qui en rend le nettoyage très-facile avec un peu d'eau et une éponge. Ainsi en est-il de la surface qui sépare la mangeoire du râtelier et qui correspond à la tête du cheval; elle est en marbre commun, de sorte que la salive, la matière du jetage, etc., n'y adhèrent que très-peu, ne la pénètrent pas, et peuvent être instantanément enlevées d'un coup d'éponge.

J'ai fait prendre une autre précaution. J'avais remarqué qu'une des grandes causes d'infection dans nos hôpitaux était la présence dans une écurie renfermant un certain nombre d'animaux, d'un ou de plusieurs d'entre eux affectés soit de plaies abondamment suppurantes, soit de gangrène septique, soit de pneumonies gangréneuses, soit de diarrhées fétides, soit d'eaux-aux-jambes, etc. Pour y parer, j'ai fait établir à quelque distance des écuries à huit chevaux, des boxes (petites écuries à un ou deux chevaux) pour y placer les malades atteints de ces maladies infectantes.

J'avais également été frappé de ce fait, que la nécessité où l'on était de faire les pansements dans les écuries y était aussi une cause puissante d'infection. Pour la prévenir, j'ai fait établir sur toute la longueur de la façade de chaque ligne d'écuries un large auvent qui, en abritant les chevaux en cas de mauvais temps, permet de les sortir de l'écurie et de les panser dehors.

Ai-je besoin de dire que les animaux atteints de maladies contagieuses sont placés dans des écuries particulières éloignées des autres, à la distance desquelles elles sont d'une centaine de mètres?

Nous n'avons pas été longtemps à nous apercevoir des excellents effets de ces nouvelles constructions sur la santé et la curabilité de nos malades. Aussi, quelques années après, ai-je sollicité et obtenu de l'administration supérieure que les écuries construites en 1828 reçussent les mêmes dimensions et les mêmes aménagements; ce qui a été facile, pour leur hauteur, en supprimant des entre-sols servant d'habitation, qui leur étaient superposés; et, pour leurs aménagements, en substituant la brique au pavé, et les mangeoires en fonte polie aux mangeoires en bois. Depuis ces modifications, elles sont devenues aussi saines que les autres, puisqu'elles leur sont semblables. Et M. Bouley, qui m'a succédé dans la chaire de clinique, s'il avait à rédiger aujourd'hui les mémoires sur les infections purulentes et les gangrènes septiques que j'ai composés à une autre époque avec les nombreux matériaux que me fournissaient nos hôpitaux, aurait grande peine à y recueillir en plusieurs années autant de faits de ce genre qu'il m'était donné alors d'en observer en quelques mois.

Je pourrais, en les empruntant à d'autres espèces animales, citer des exemples non moins concluants :

Ainsi ce fait que, quand des bêtes ovines inoculées de la clavelée sont, lorsque la douceur de la saison le permet, laissées nuit et jour en plein air, les accidents consécutifs à l'opération sont nuls et très-rares; tandis qu'il est assez ordinaire qu'on perde un certain nombre d'animaux de ces accidents quand, pour un motif ou pour un autre, ils sont, après l'opération, enfermés dans des bergeries basses et mal ventilées, comme elles le sont presque toutes.

Ainsi en est-il des vers à soie sur lesquels, autant les mortalités sont considérables dans les grandes magnaneries où ces animaux sont accumulés en grand nombre dans les mêmes salles; autant elles sont rares dans les petites éducations, où ils sont généralement dans des conditions opposées.

Je ne veux pas, Messieurs, insister plus longtemps. Ce qui résulte clairement, ce me semble, de ce que je viens d'exposer à l'Académie, c'est que l'insuffisance proportionnelle de la masse d'air dans une localité habitée par beaucoup d'animaux même en bonne santé, surtout quand ces animaux y séjournent toute la nuit et une grande partie du jour; c'est que le manque ou l'insuffisance de l'aération et d'une bonne ventilation dans ces localités, y sont une cause puissante et incessamment active d'altération de leur santé quand ils sont bien portants, et d'aggravation de leur état quand ils sont malades. Je ne crois pas forcer l'analogie en admettant que les mêmes causes doivent produire les mêmes effets sur l'espèce humaine; et, sous ce dernier rapport, je suis convaincu que ceux de nos collègues à qui leur position militaire a permis de connaître et de voir de près ce qui s'est passé pour les malades et les blessés de nos armées dans les dernières campagnes de Crimée et d'Italie, pourraient jeter de grandes lumières sur la question, en nous disant les résultats comparatifs des traitements qui ont dû, faute de localités mieux closes, être faits sous des tentes ou abris improvisés presque en plein air, et de ceux qui ont eu lieu dans les salles des hôpitaux, ou d'autres bâtiments clos provisoirement affectés au logement des malades.

17019   Paris. — Typographie de RENOU et MAULDE, rue de Rivoli, n° 144.